哈哈哈！有趣的动物（第二辑）

蜻蜓

〔法〕蒂埃里·德迪厄 著

大南南 译

湖南教育出版社

· 长沙 ·

"别担心，我对我的观察能力很有信心。"

蜻蜓是一种昆虫。
有 6 只脚，2 对翅膀。

蜻蜓有个近亲，叫作豆娘，
它休息时翅膀会收起来。

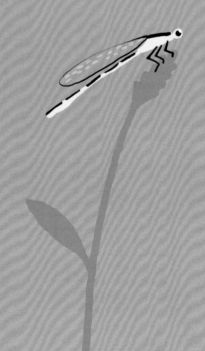

蜻蜓比恐龙出现得还早。

3 亿年前

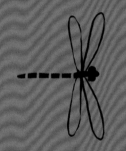 

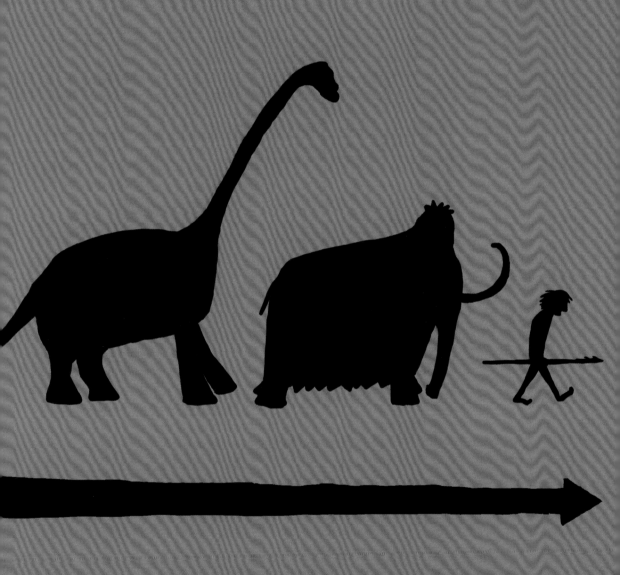

蜻蜓的眼睛很大。
视觉是它最发达的感官。

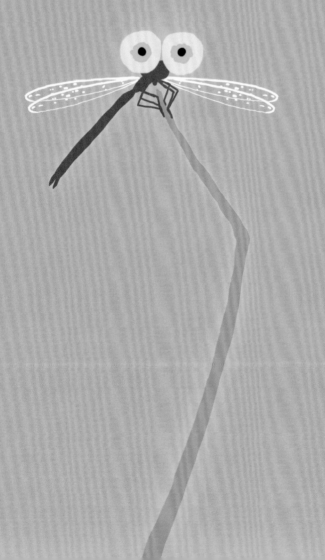

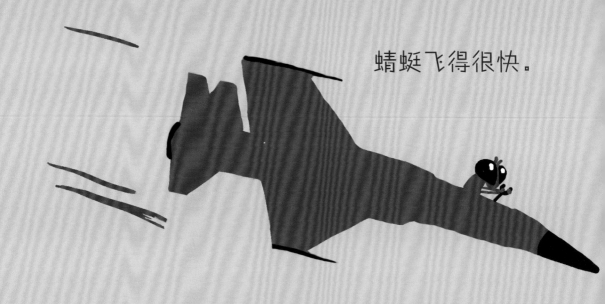

蜻蜓飞得很快。

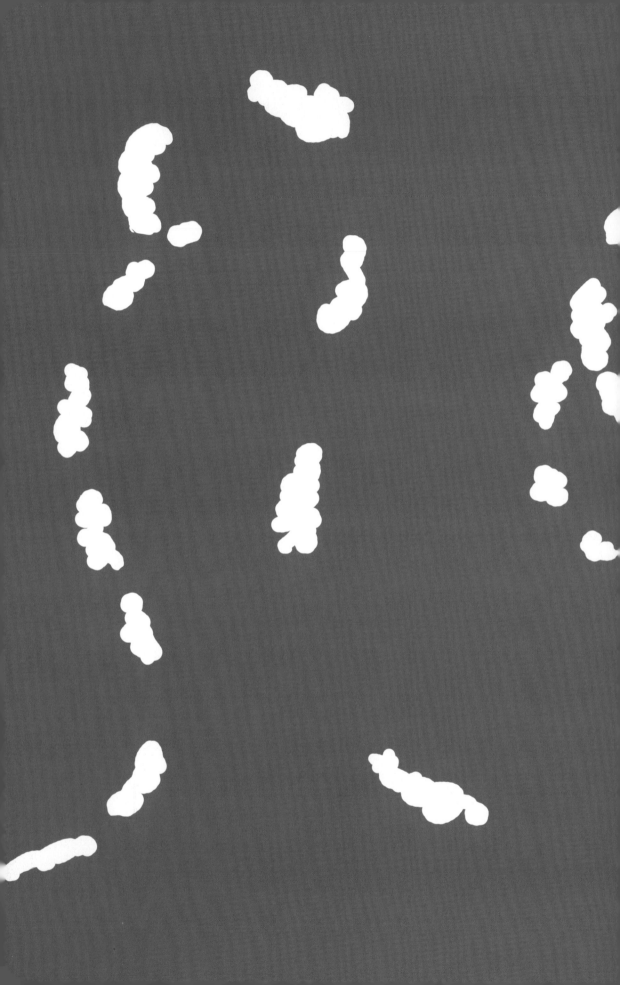

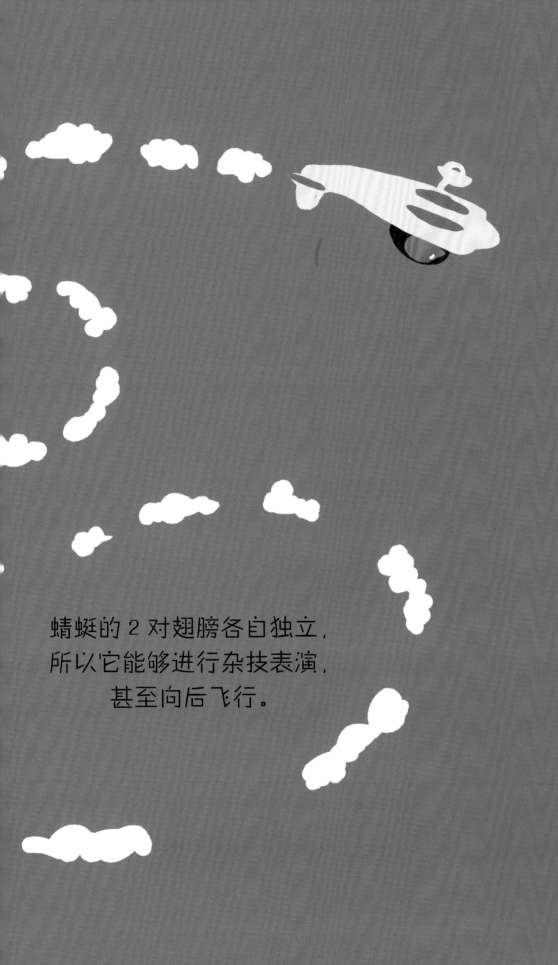

蜻蜓的 2 对翅膀各自独立，
所以它能够进行杂技表演，
甚至向后飞行。

蜻蜓的幼虫可以在水里生活数年，

长大后却只能在空中存活几个月。

对其他昆虫来说，
蜻蜓是凶猛的捕食者。

对水里的某些小动物来说，它也很可怕。

蜻蜓穿的裙子颜色鲜艳、款式多变。

"啧啧啧！我看得出来你哭了，
你的眼睛还红红的。"

如何带着一岁的孩子读
《哈哈哈！
有趣的动物》

　　一岁的孩子就能读科普书？

　　没错，因为这是永田达爷爷特别为低龄小朋友准备的启蒙科普书。家长们会发现，这本书的文字量很少，画面传递的信息非常精简，但是非常有趣，特别适合爸爸妈妈跟孩子进行亲子阅读。

　　现在赶紧和孩子一起翻开这本《蜻蜓》，跟着永田达爷爷一起来观察蜻蜓吧！

　　翻开本书之前，爸爸妈妈可以带孩子去池塘边或小河边找寻一下蜻蜓的踪影，让孩子直观地了解一下蜻蜓的生活环境，并近距离观察一下蜻蜓。打开书后，可以让孩子指一指蜻蜓的哪个器官最大，它们的眼睛跟人类的不一样，是复眼结构，不用变换方向就能看到上下左右的物体。让孩子数一数蜻蜓有几对翅膀、几只脚，告诉孩子这两对翅膀是独立的，所以蜻蜓甚至可以倒着飞。请孩子说一说蜻蜓的"衣服"都有些什么颜色，最喜欢哪件"衣服"。告诉孩子，蜻蜓是一种非常古老的动物，让孩子猜一猜它跟恐龙谁更"老"。

图书在版编目（CIP）数据

哈哈哈！有趣的动物. 第二辑. 蜻蜓 /（法）蒂埃里·德迪厄著；大南南译. —长沙：湖南教育出版社，2022.11
ISBN 978-7-5539-9285-3

Ⅰ. ①哈… Ⅱ. ①蒂… ②大… Ⅲ. ①蜻蜓目 – 儿童读物 Ⅳ. ①Q95-49

中国版本图书馆CIP数据核字（2022）第190697号

First published in France under the title:
La Libellule
Tatsu Nagata
© Éditions du Seuil, 2017
著作权合同登记号：18-2022-214

HAHAHA! YOUQU DE DONGWU DI-ER JI QINGTING
哈哈哈！有趣的动物 第二辑　蜻蜓

责任编辑：姚晶晶　陈慧娜　李静茹
责任校对：王怀玉
封面设计：熊　婷
出版发行：湖南教育出版社（长沙市韶山北路443号）
电子邮箱：hnjycbs@sina.com
客服电话：0731-85486979
经　　销：湖南省新华书店
印　　刷：长沙新湘诚印刷有限公司
开　　本：787 mm×1092 mm　1/16
印　　张：1.75
字　　数：10千字
版　　次：2022年11月第1版
印　　次：2022年11月第1次印刷
书　　号：ISBN978-7-5539-9285-3
定　　价：152.00 元（全8册）

本书若有印刷、装订错误，可向承印厂调换。